探秘 山地建筑

TANMI SHANDI JIANZHU

王宇航 关 杨 · 编著

重庆大学出版社

目　录

魔幻山城　　/ 1

山地建筑与地质灾害　/ 13

山地建筑与地震灾害　/ 21

山地建筑与风灾害　／ 43

山城建筑案例　／ 61

未来建筑特征　／ 69

结　语 ／ 81

魔幻山城

重庆城

旧时的重庆朝天门码头

"九开八闭" 17 道城门

古代重庆城：城墙总长 8 千多米，围合面积约 2.4 平方千米，共有"九开八闭"17座城门，按顺时针方向依次有金紫门（开）、凤凰门（闭）、南纪门（开）、金汤门（闭）、通远门（开）、定远门（闭）、临江门（开）、洪崖门（闭）、千厮门（开）、西水门（闭）、朝天门（开）、翠微门（闭）、东水门（开）、太安门（闭）、太平门（开）、人和门（闭）、储奇门（开）。

现代重庆市总面积：82402 平方千米。

其中主城九区（渝中区、大渡口区、江北区、沙坪坝区、九龙坡区、南岸区、北碚区、渝北区、巴南区）面积 5000 多平方千米，约为古代重庆城面积的两千倍。

图 例

● 省级行政中心
⊕ 县级行政中心
--- 省级界
▲ 山峰

审图号：GS（2019）3333 号

朝天门码头近 40 年变迁史

　　朝天门码头位于重庆市渝中区东北嘉陵江与长江交汇处，是重庆最大的水码头。朝天门原题有"古渝雄关"，曾是重庆十七座古城门之一。南宋定都临安（杭州）后，时有钦差自长江经该城门传来圣旨，故得此名。

1979

朝天门码头，附近的建筑很少，主要作用航运和轮渡。

1998

朝天门广场建成。

2012

来福士广场项目开工，爆破重庆港客运大楼和三峡宾馆。

2019

来福士广场完工
并投入使用。

洪崖洞

2006 年　建成后的洪崖洞景观夜

　　洪崖洞，原名洪崖门，是古重庆城门之一，位于重庆市渝中区嘉陵江滨江路。现在的洪崖洞是重庆市重点景观工程，建筑面积 4.6 万平方米，共有 11 层，由吊脚楼、仿古商业街等景观组成，于 2006 年竣工开业。作为巴渝民俗风貌区，洪崖洞的夜景霓虹璀璨、美轮美奂，江边的吊脚楼与坡上的高楼大厦层见叠出、错落有致，历史与现代、传统与创新，出现在一张画面内，有现实版《千与千寻》之韵。

1945 年　临江的洪崖洞

魔 幻 建 筑

　　重庆梁平区某小学依山而建，地势复杂，用地紧张。为了提高空间利用效率，保障跑道的安全性与实用性，学校将 300 米的跑道设计成了架空跑道，跑道的中间区域阶梯状分为篮球场、足球场、乒乓球场。

① 一层乒乓球场

② 二层足球场

④ 四层跑道

③ 三层篮球场

重庆梁平区某小学的 3D 操场

高空连廊

距离地面约 70 米的高空连廊连接两座大楼，仅仅由几根拉索和两端支座支撑。

中国"摩天城市"

重庆由于市区平地少，且人口众多，建筑必须向空中发展，200 米以上的高楼数量位居我国城市前列。

陆海国际中心 458 米（在建）

来福士广场 354.5 米

城在山中　山在城中

重庆，就是这样一座令人着迷的城市。

洪崖洞

轻轨二号线李子坝站

与平原城市相比，重庆山地众多、地形复杂，城镇建设面临更多的挑战。

重庆的魔幻建筑到底是怎么建起来的？
这些建于山地之上的建筑会不会存在危险？

下面我们一起去探寻山城重庆建筑的奥秘！

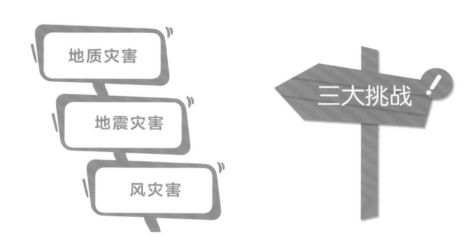

地质灾害

地震灾害

风灾害

三大挑战

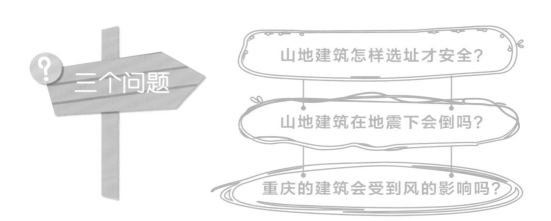

? 三个问题

山地建筑怎样选址才安全？

山地建筑在地震下会倒吗？

重庆的建筑会受到风的影响吗？

山城远景

山地建筑与地质灾害

山地常发的地质灾害

在山地区域，各种地质灾害如泥石流、滑坡、崩塌等时有发生。

山地建筑的选址，一定要避开可能发生地质灾害的区域。

泥 石 流

泥石流是指在山区或者其他沟谷深壑、地形险峻的地区，因为暴雨、暴雪或其他自然灾害引发的含有大量泥沙及石块的特殊洪水。

泥石流具有突然性以及流速快、流量大、物质容量大和破坏力强等特点，常常会冲毁公路、铁路等交通设施，甚至冲毁整个村镇。

被泥石流摧毁的村庄

滑 坡

滑坡是指斜坡上的土体或者岩体，受河流冲刷、地下水活动、雨水浸泡、地震及人工切坡等因素影响，在重力作用下，整体地或者分散地顺坡向下滑动的自然现象。

滑坡对乡村最主要的危害是摧毁农田、房舍，造成人员伤亡，毁坏森林、道路及农业机械设施和水利水电设施等，造成停电、停水、停工。有时甚至会毁灭整个村镇。

滑坡前

滑坡后

崩　塌

崩塌是指较陡斜坡上的岩土体在重力作用下突然脱落、滚动，堆积在坡脚（或沟谷）的地质现象。

崩塌会使建筑物、公路和铁路被破坏或掩埋。

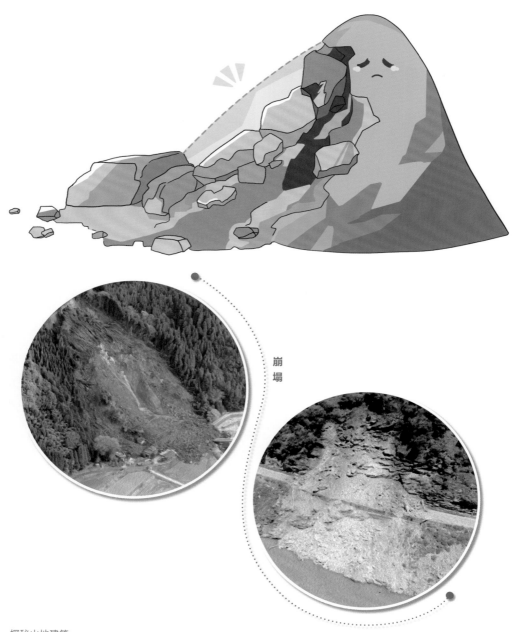

崩塌

房屋要建在坚硬场地上

地表土的特点：表层较软、深层较硬。

高层建筑如果"站"在表层较软的土层，很容易发生倾倒，就像人踩在沙滩上一样。

高层建筑的基础下面，通过机械设备将"桩"穿越表层的软土，打入深层较硬的土层上，这样建筑就站稳了。

桩：设置于土中的竖直或倾斜的基础构件，一般用钢筋混凝土制造而成，也有少量情况采用钢桩或木桩。桩的作用是穿越软弱的土层，将上部房屋的荷载直接传递到更硬、更密实的地层（如岩石层）上。

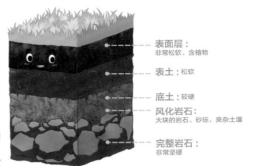

表面层：
非常松软、含植物

表土：松软

底土：较硬

风化岩石：
大块的岩石、砂砾，夹杂土壤

完整岩石：
非常坚硬

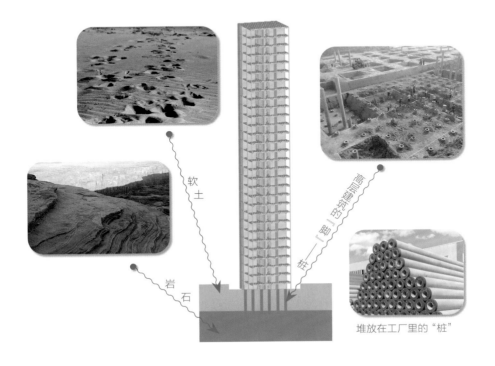

软土

岩石

桩——建筑物的"脚"

堆放在工厂里的"桩"

重庆的地质条件：上部软土的厚度比较薄，下部岩石层距地表的距离较小。

陆海国际中心：主塔楼总高约 460 米，入土桩长不超过 20 米。

上层建筑

地基

我国东部沿海地区（如上海、江苏等地）地质条件：地表的软土分布面积广，而且很厚。桩的入土深度更深（超过 100 米）。

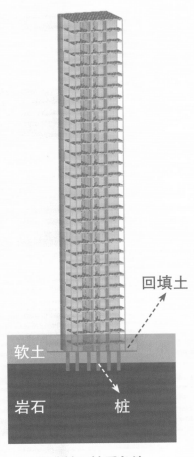

重庆地区地质条件

上部软土的厚度比较薄；下部岩石层距地表的距离较浅；桩的长度较短。

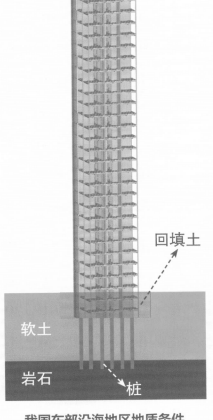

我国东部沿海地区地质条件

上部软土的厚度比较厚；下部岩石层距地表的距离较深；桩的长度较长。

山地建筑与地震灾害

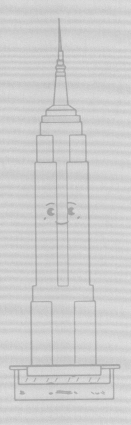

地震的成因

地球地壳上板块与板块之间相互挤压碰撞，造成板块边缘及板块内部产生错动和破裂，是引起地震的主要原因。

世界六大板块分布

审图号：GS（2016）1566 号

——— 板块边界

- - - - 未定板块边界

——→ 板块运动方向

中国的喜马拉雅山脉是印度洋板块和亚欧板块相互挤压的结果。

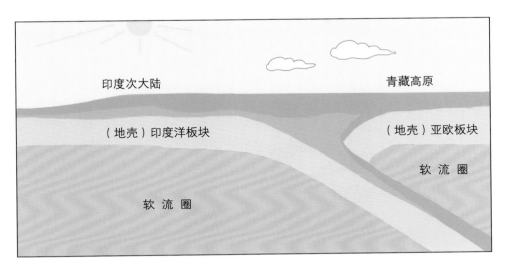

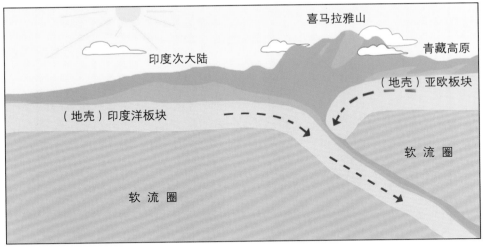

软流圈：地质学专业术语，是地壳岩石圈板块之下的圈层，位于地下 60 ~ 250 千米，在地幔上部。据推测，这里温度在 1300℃ 左右，已接近岩石的熔点，压力有 3 万个大气压，在压力的长期作用下，这里的物质以半黏性的状态缓慢流动。

　　地震震级：衡量地震本身大小的尺度，由震源处所释放出来的能量大小来决定。释放出的能量越大，则震级越大。震级与震源深度、震中距无关。

　　地震烈度：表示地震对地表及建筑物影响的强弱程度。烈度越高，影响越严重。烈度与地震震级、震源深度、震中距都有关系。

　　当地震震级相同时，建筑物所在之处震中距越小，地震烈度越高；震源深度越浅，地震烈度越高。

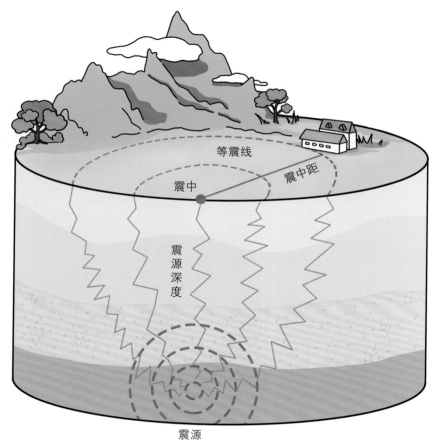

　　震源：地震开始发生的地点。

　　震中：震源正上方的地面点。

　　震源深度：震源到震中的距离。

　　震中距：地震观测点到震中的距离。

震级是表征地震强弱的量度，是为区分震源放出的能量大小划分的等级。震级单位是"里氏"，通常用字母 M 表示，它与地震所释放的能量有关。

地震释放的能量越大，地震震级也越大。

震级每相差 1.0 级，能量相差大约 32 倍；每相差 2.0 级，能量相差约 1000 倍。1 个 6 级地震相当于 32 个 5 级地震，1 个 7 级地震则相当于 1000 个 5 级地震。

一般将小于 1 级的地震称为超微震；

1 级 ≤ M< 3 级，称为弱震或微震；

3 级 ≤ M<4.5 级，称为有感地震；

4.5 级 ≤ M<6 级，称为中强震；（如 9·7 彝良地震）

6 级 ≤ M<7 级，称为强震；（如 8·3 鲁甸地震、2·6 高雄地震）

7 级 ≤ M<8 级，称为大地震；（如 8·8 九寨沟地震、4·14 玉树地震、4·20 雅安地震、7·18 俄罗斯堪察加半岛地震）

M ≥ 8 级，称为巨大地震。（如 5·12 汶川地震、3·11 日本地震）

1960 年 5 月 21 日，智利发生 9.5 级大地震，导致 6 座死火山重新喷发，造成约 2 万人死亡，是有记录以来世界震级最大的地震。

1 度 无感。

2 度 室内个别静止中的人有感觉，个别较高楼层中的人有感觉。

3 度 室内少数静止中的人有感觉，少数较高楼层中的人有明显感觉；悬挂物微动。

4 度 室内多数人、室外少数人有感觉，少数人睡梦中惊醒；悬挂物明显摆动，器皿作响。

5 度 室内绝大多数、室外多数人有感觉，多数人睡梦中惊醒，少数人惊逃户外；悬挂物大幅晃动，少数物品翻倒。

6 度 多数人站立不稳，多数人惊逃户外；少数轻家具和物品移动；个别桥梁出现裂缝；河岸出现裂缝。

7 度 大多数人惊逃户外，骑自行车的人有感觉，行驶中的汽车驾乘人员有感觉；物品从架子上掉落；少数桥梁出现明显裂缝和变形；河岸出现塌方。

8 度 多数人摇晃颠簸，行走困难；除重家具外，室内物品大多数倾倒或移位；少数桥梁破坏严重；干硬土地上出现裂缝。

9 度 行动的人摔倒；室内物品大多数倾倒或移位；个别桥梁垮塌或濒于垮塌；干硬土地上出现多处裂缝，多发滑坡、塌方。

10 度 骑自行车的人会摔倒，处不稳定状态的人会摔离原地，有抛起感；少数桥梁垮塌；山崩和地震断裂出现。

11 度 绝大多数房屋毁坏；发生大量山崩滑坡。

12 度 房屋几乎全部毁坏；地面剧烈变化，山河改观。

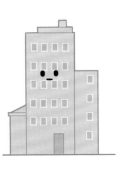

1度　无感
仅仅仪器能监测到

2度　微有感
个别人在完全静止时有感觉

3度　少有感
室内少数人在静止中有感觉，悬挂物摆动

4度　多有感
室内多数人、室外少数人有感觉，悬挂物摆动，不稳器皿作响

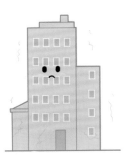

5度　惊醒
室外大多数人有感觉，门窗作响，多数人睡梦中惊醒

6度　惊慌
多数人站立不稳，物品翻落，多数人惊逃户外

7 度　房屋损坏
一些房屋损坏，地表出现裂缝

8 度　建筑损坏
建筑物多有损坏，或有倒塌，路基塌方，地下管道破裂

9 度　建筑物被普遍破坏
建筑物多数破坏，坍塌或倾倒

10 度　建筑物被普遍摧毁
山石大量崩塌，水面大浪扑岸

11 度　毁灭
房屋大量倒塌，路基、堤岸大段崩毁，地表产生很大变化

12 度　山川易景
建筑物普遍毁坏，地形剧烈变化，动植物遭毁灭

"某建筑抗震性能很好，能抗 9 级地震" 这是错误的说法！

一栋建筑在地震下的损伤情况，应该根据建筑设防烈度和地震烈度的大小关系来判断。

地震烈度是指：地震对地表及工程建筑物影响的强弱程度。

建筑设防烈度是指：采取抗震措施的建筑可以抵抗的地震烈度。

例如，某建筑的设防烈度为 8 度，如果所遭遇的地震的烈度为 7 度，则该建筑不会有安全问题；如果地震的烈度为 9 度，则该建筑会发生一定的损伤。

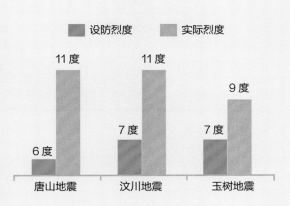

3 级地震发生时，虽然震级较小，但如果震源深度很小（如地震震源就在建筑基础下面），同时建筑的震中距很小，则可能引发烈度 10 度的破坏。

8 级地震发生时，虽然震级较大，但如果震源深度很深，同时建筑的震中距很大，则可能只有烈度 1 度的影响，甚至没有影响。例如，汶川发生 8.0 级大地震时，黑龙江省没有震感，因为距离太远了。

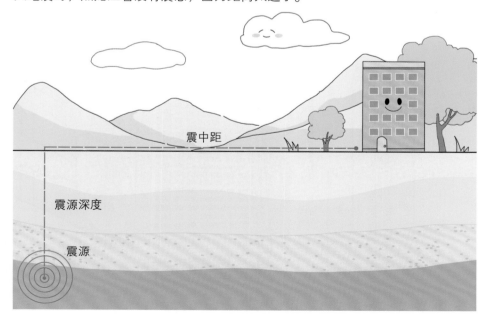

直接导致人员伤亡的往往不是地震，而是建筑。

• 据统计，地震中仅有很少的人员伤亡是直接由地震及地震引发的水灾、火灾、海啸、山体滑坡等次生灾害导致的。
• 地震中人员伤亡大多数是由房屋倒塌造成的。

汶川地震中倒塌的房屋

地震可能引发的灾害

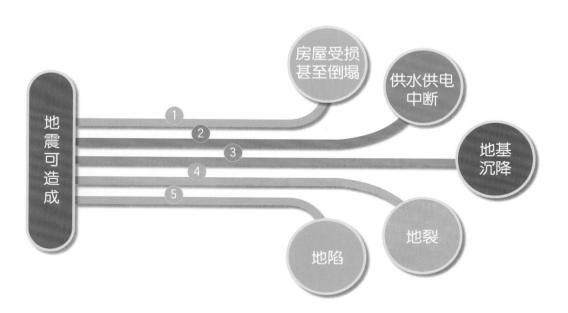

地震可造成

1. 房屋受损甚至倒塌
2. 供水供电中断
3. 地基沉降
4. 地陷
5. 地裂

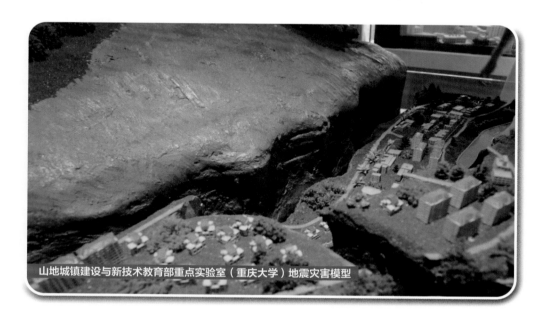

山地城镇建设与新技术教育部重点实验室（重庆大学）地震灾害模型

砂土液化

　　疏松的含水细砂土，在地震的作用下受到反复振动，土颗粒发生移动并变密，土颗粒间的孔隙减小，孔隙中的水受到土颗粒的挤压，压力急剧升高，使土颗粒悬浮在水中，即砂土发生了液化。

地震前

土颗粒间相互接触，能够承担传递地面上房屋传下来的荷载。

地震刚发生时

土颗粒发生移动，相互间没有接触，大部分土颗粒悬浮在水中。

地震中

部分土颗粒下沉，房屋下面的土颗粒相互间没有接触，无法承担荷载，建筑开始倾斜。

地震后

绝大部分土颗粒下沉，房屋下面基本不存在土颗粒，只有大量水，房屋倾斜、下沉，甚至倒塌。

砂土发生液化后，原来的砂土由固态转变为液态，砂土颗粒丧失了粒间接触压力与摩擦力，从而使地基失去了承载力，导致建筑"倾倒"或"陷落"。

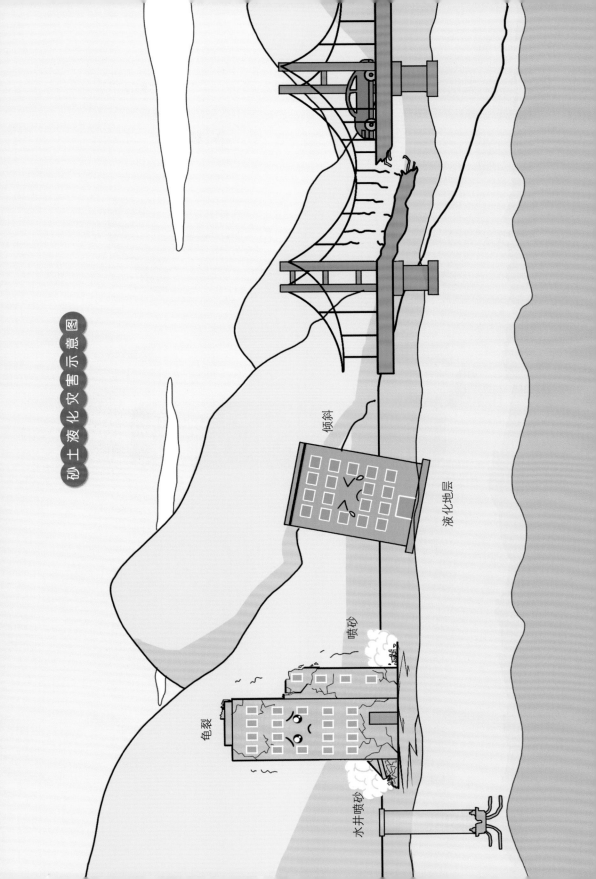

砂土液化灾害示意图

倾斜
液化地层
喷砂
龟裂
水井喷砂

砂 土 液 化

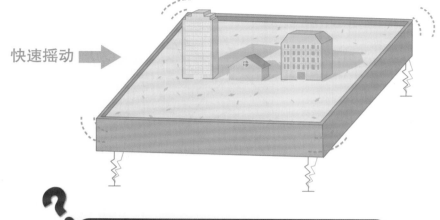

快速摇动 →

？

盒子里装满含水的沙，快速摇动盒子，
看看会发生什么现象？

砂土液化

1

摇动前，房屋稳稳站立。

2

开始快速摇晃，"高"房屋发生倾斜，"矮"房屋发生明显下沉。

3

摇晃一段时间后，房屋发生明显下沉。

4

摇晃结束，房屋完全消失。

地震模拟与抗震设计

设计高层建筑时，需要在振动台实验室开展地震模拟试验，对建筑模型的抗震安全性进行测试，确保高层建筑在各种复杂的地震荷载下不发生破坏。

重庆大学振动台实验室位于重庆大学 B 区，建筑面积 3600 平方米。振动台的台面为边长 6 米的正方形，可以沿两个水平方向平动和转动，沿竖向平动，还可以扭转，因此可以模拟真实的地震。振动台水平方向的最大加速度为 1.5 个重力加速度（超过 5·12 汶川地震中监测到的最大加速度约 1 个重力加速度的 50%），竖向最大加速度为 1 个重力加速度；可以承载 80 吨的模型，模型高度可以做到 22 米。这是我国目前台面尺寸、载重量和抗倾覆力矩最大的振动台之一。

实验室外景

实验室内景

实验室控制台

实验模型（六层钢结构房屋）

重庆大学周绪红院士、石宇教授研发的多层冷弯薄壁型钢结构房屋，经历 100 多次地震试验测试，整体保持完好，在实验室拆卸后，在嘉陵江畔的重庆大学设计创意产业园重新组装并投入使用，实现了再利用。

钢结构房屋模型拆除

钢结构房屋投入使用（俯视）

钢结构房屋投入使用

钢结构房屋重建

传统抗震技术：房屋与其下的基础之间牢固连接，通过提高房屋自身的坚固性"扛住"地震，房屋会受到较大晃动，出现较大的变形及损伤。

现代隔震技术：在房屋与其下的基础之间放置隔震支座，地震作用下的变形和损伤主要集中在隔震支座上，房屋基本不发生变形和损伤，从而大大减轻了地震对房屋的影响。

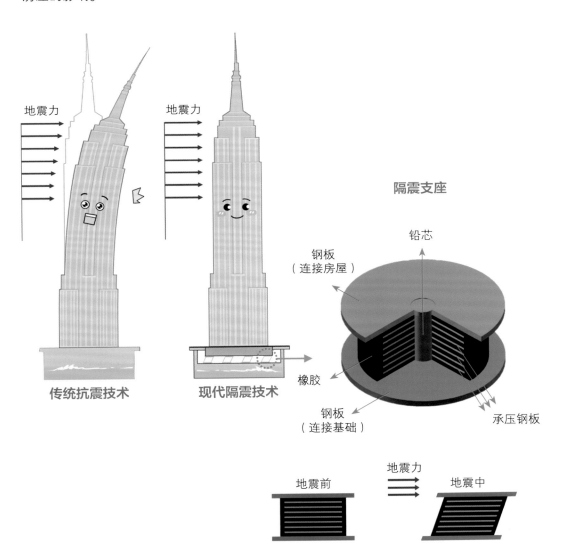

地震动

传统抗震房屋   隔震房屋

特别适用于：医院、学校

　　2021年国务院《建设工程抗震管理条例》：位于高烈度设防地区、地震重点监视防御区的新建学校、幼儿园、医院、养老机构、儿童福利机构、应急指挥中心、应急避难场所、广播电视台等建筑应当按照国家有关规定采用隔震、减震等技术。

重庆地区由于远离断裂带（距最近的龙门山断裂带300余千米），建筑受地震威胁小，具有建设高层建筑的有利条件。

中国主要地震带分布

图 例

★ 北京　首都

○ 天津　省级行政中心

——— 未定　国界

——— 省、自治区、直辖市界

----- 特别行政区界

审图号：GS（2019）1815号

山地建筑与风灾害

我国年均约遭受 7 次台风正面袭击。

风灾在我国每年会造成几百人死亡，数百万人受灾。2022 年有 4 个台风登陆我国，台风灾害造成直接经济损失 54.2 亿元，较常年偏轻。

入侵中国的台风路径

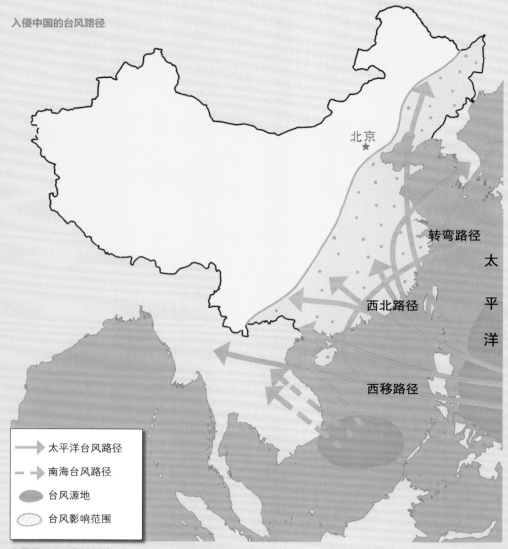

北京

转弯路径

太平洋

西北路径

西移路径

→ 太平洋台风路径

⇢ 南海台风路径

● 台风源地

台风影响范围

审图号：GS（2019）1711 号

风力是指风吹到物体上所表现出的力量大小。一般根据风吹到地面物体或水面上所产生的各种现象，把风力的大小分为 18 个等级，最小是 0 级，最大为 17 级。

风力等级	名称	陆地地面物象
0	无风	静，烟直上
1	软风	烟示风向
2	轻风	感觉有风
3	微风	旌旗展开
4	和风	吹起尘土
5	清劲风	小树摇摆
6	强风	电线有声
7	疾风	步行困难
8	大风	折毁树枝
9	烈风	小损房屋
10	狂风	拔起树木
11	暴风	损毁重大
12	飓风	摧毁极大

在自然界，风力有时会超过 12 级。强台风中心的风力，或龙卷风的风力，都可能比 12 级大得多，但 12 级以上的大风比较少见，一般就不具体规定级数了。

0级　无风　静，烟直上

1级　软风　烟示风向

2级　轻风　感觉有风

3级　微风　旌旗展开

4级　和风　吹起尘土

5级　清劲风　小树摇摆

6 级　强风　电线有声

7 级　疾风　步行困难

8 级　大风　折毁树枝

9 级　烈风　小损房屋

10 级　狂风　拔起树木

11 级　暴风　损毁重大

12 级　飓风　摧毁力极大，可能引发海啸

台风是热带海洋上生成的热带气旋中强度最强的一级，其中心附近的最大风力在 12 级或 12 级以上，是最为严重的自然灾害之一。

台风巨大的破坏力主要由强风、暴雨和风暴潮三个因素作用。台风具有突发性强、破坏力大的特点。

台风带来的暴雨可能引发滑坡、泥石流等地质灾害，还会引发洪水造成水灾等次生灾害。

超强台风"杜苏芮"是 2023 年太平洋台风季第 5 个被命名的风暴。它于 2023 年 7 月 21 日在西北太平洋洋面生成，此后逐渐发展增强为超强台风；于 7 月 26 日凌晨登陆菲律宾富加岛；于 7 月 28 日上午被中央气象台认定为强台风级（50 米/秒）登陆福建省晋江市沿海，成为有完整记录以来登陆福建第二强的台风。其残余环流仍继续北上并对中国北方多地产生影响。台风"杜苏芮"在菲律宾与中国都造成了严重灾害，其残余环流更在中国北方引发极端暴雨天气及山地洪水，造成严重灾情。

2023 年第 5 号台风"杜苏芮"对我国多地造成严重灾害。

台风的形成原理：经过太阳的长时间照射，宽阔的海面上水蒸气大量蒸发，形成了浓厚的云层。这些云层里的暖空气上升、冷空气下降，上升的暖空气的范围越来越大，受到地转偏向力影响，逆时针旋转起来（在南半球是顺时针旋转）形成卷层云。旋转中，离心力把空气向外甩出，中心的空气越来越稀薄、空气压力不断变小，因此周围的空气都涌了进来，并遇热上升，空气流的范围越来越大、旋转速度越来越快。这就形成了台风。

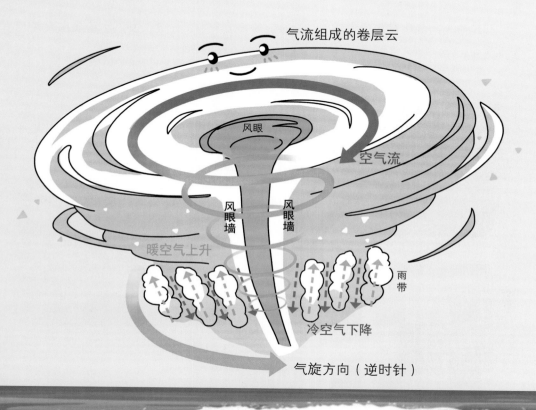

台风中心区域有一个明显而稳定的"风眼"，是台风中相对平静的区域，一般直径为 10 ～ 50 千米，有时可达 100 千米。台风眼内部的气压最低，温度最高，空气相对稳定，云层较少，透过风眼甚至可以看到蓝天和太阳。台风眼周围是台风最强烈的区域，称为"风眼墙"，这里的风速最大，云层最高，降水最强。

台风越强，速度就越快吗？

答案

不一定

台风拥有两种"速度"——"台风中心附近最大风速"和"台风旋转中心的移动速度"。

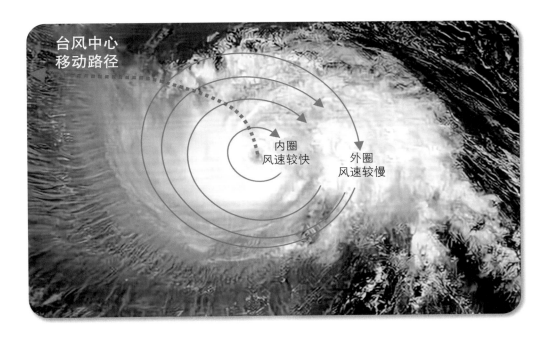

台风中心附近最大风速：指台风云系围绕台风中心旋转的速度，这个速度越快，意味着台风越强。

如 16 级超强台风，它中心附近的最大风速超过 183.6 千米 / 小时（国内高速公路最高限速多为 120 千米 / 小时）。

台风旋转中心的移动速度：指台风旋转中心在水平方向上移动的速度，时速一般不超过 30 千米，甚至会为 0，即保持静止不动。

这就像是陀螺，陀螺本身可以转得很快，但是既可以保持在同一个地方旋转，也可以一边自转一边往其他地方移动。

其他容易引起灾害的风

龙 卷 风

　　龙卷风是一种少见的局地性、小尺度、突发性的强对流天气，是在强烈的不稳定的天气状况下由空气对流运动造成的，强烈的、小范围的空气涡旋。

　　龙卷风可致使房屋损坏严重或被完全摧毁，从而造成人员伤亡。被卷入龙卷风更是面临致命危险。

下 击 暴 流

下滑轨道

　　下击暴流是一种雷暴云中局部性的强下沉气流，到达地面时会产生一股直线型大风，越接近地面风速会越大，最大地面风力可达 15 级，属于突发性、局地性、小概率、强对流天气。

　　下击暴流可能造成农作物倒伏、树木折断甚至房屋倒塌，如果发生在水面上可能掀翻船只，发生在机场跑道附近可能导致飞机失事。

大跨屋盖振动

结构垮塌

悬索桥颤振风毁

体育场屋面破坏 输电塔倒塌

風速和風向

平原地区：地势平坦，风速和风向变化不明显，分析、计算较容易，对建筑物的影响也较小。

山地：受地势起伏影响，风速、风向都会发生明显改变，分析计算复杂，对建筑物的影响大。

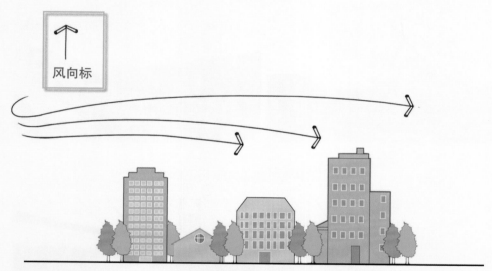

平原：风速、风向基本不变化

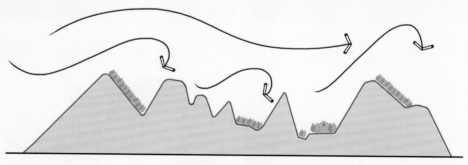

山地：风速、风向变化剧烈

风环境是如何模拟的？

两种方法

1. 在计算机中进行模拟

2. 在风洞实验室环境下进行抗风安全性研究测试

建筑风场的计算机模拟

图中彩色的曲线表示风在空中流动的轨迹,不同颜色代表不同的风速(蓝色风速最低、红色风速最高)。

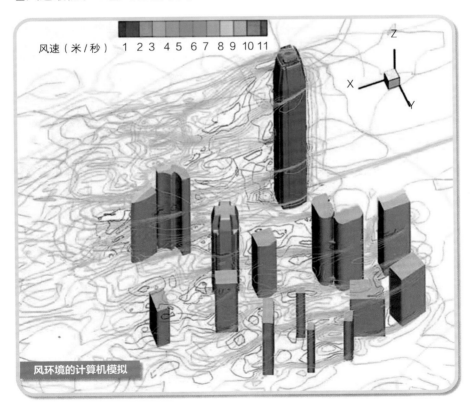

风速（米 / 秒） 1 2 3 4 5 6 7 8 9 10 11

Z
X
Y

风环境的计算机模拟

风洞实验室

风洞实验室是以人工的方式产生并且控制气流，用来模拟测试模型周围气体的流动情况，同时量测气流对测试模型的作用效果，以及观察物理现象的一种管道状实验设备。

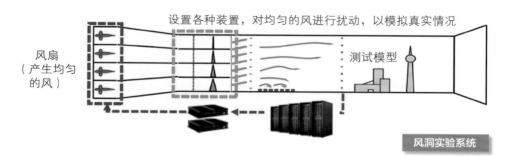

设置各种装置，对均匀的风进行扰动，以模拟真实情况

风扇（产生均匀的风）

测试模型

风洞实验系统

城市建筑试验模型

风速测试仪器

风速测试仪可以用来测量风的速度。

风洞可产生的最大风速为 35 米 / 秒，对应 12 级飓风。这种飓风的破坏力极大，但极少出现。

风洞实验室

体育场建筑风洞实验

高层建筑风洞实验

高层建筑的横风向风振现象

当建筑物受到风力作用时，不但顺风向可能发生振动，而且在一定条件下，也能发生垂直于风向（横风向）的振动。

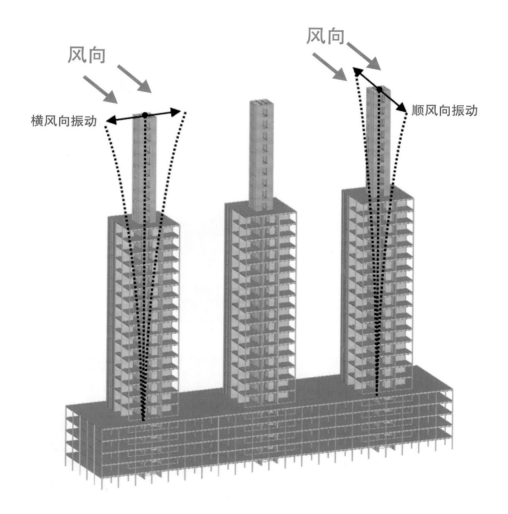

当建筑物上有风作用时，就会在该建筑物两侧背后产生交替脱落的空气漩涡，犹如长蛇摇尾巴一样，这就是"卡门涡街"。在特定的风速下，风吹过高塔、烟囱、电线杆等都会形成"卡门涡街"。

"卡门涡街"是科学家冯·卡门于 1911 年提出的理论。

卡门涡街的发生会使建筑物表面的压力呈周期性变化，使建筑物上作用有周期性变化的力，作用方向与风向垂直，称为横风向作用。

随着建筑高度的增加，横风向振动会越来越明显，有时可能会远大于顺风向振动。

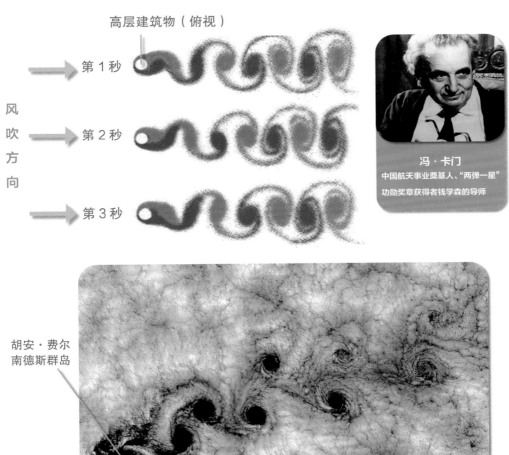

高层建筑物（俯视）

风吹方向

第 1 秒

第 2 秒

第 3 秒

冯·卡门
中国航天事业奠基人、"两弹一星"
功勋奖章获得者钱学森的导师

胡安·费尔南德斯群岛

风吹方向

美国航空航天局（NASA）从太空拍摄的智利胡安·费尔南德斯群岛周围由风引起的"卡门涡街"现象

山城建筑案例

李子坝轻轨站

重庆渝中区李子坝轻轨站是跨座式单轨高架车站，由重庆大学叶天义团队设计。

- 与住宅楼共建、共存。
- 同时建造，看似一体，互不干扰。

是如何做到的呢？

答 案

- 结构上：对托举轨道的承重柱与居民楼进行了分开设计，两者间保留安全距离。
- 噪声控制上：轻轨采用低噪声和低振动设备，运行时噪声远远低于城区交通干线。

轨道与房屋间保持安全距离

洪崖洞吊脚楼

建 筑 特 色 与 安 全 性

洪水过境时，会不会使建筑结构产生一些安全隐患呢？

答 案

不会。

建筑依江而建，层层叠叠

洪峰过境

展现建筑美观性和特色的同时保证了其结构的安全性和舒适度。

- 吊脚楼的柱子对结构安全至关重要。
- 设计充分考虑了洪水冲击和浮力的影响。
- 对结构进行了周密的计算。

来福士广场

设计原理与建造方法

重庆来福士广场由世界知名建筑大师摩西·萨夫迪设计，他的知名设计有新加坡城市地标滨海湾金沙综合体和樟宜机场。

重庆来福士广场由 2 栋 354 米和 6 栋 238 米的建筑组成。建筑群化形为江面上风帆，与朝天门广场连为一体，犹如一艘"巨轮"扬帆远航。

它的设计灵感来源是重庆积淀千年的航运文化。

扬帆的朝天门

朝天门码头旧照

安 全 性

来福士广场的高层建筑面临的考验：温度作用下，位于 250 米高空的 300 米长的水晶连廊将发生水平方向上的热胀冷缩。如果支撑塔楼和水晶连廊是牢牢连接在一起的，水晶连廊沿水平方向的变形趋势将会对支撑塔楼产生很大的水平荷载，对支撑塔楼产生不利影响。

如何保证建筑的安全性？

- 在设计时，充分考虑了温度效应，准确地计算了水晶连廊由热胀冷缩产生的水平变形。
- 在水晶连廊和其下的四座塔楼之间，设置了隔震支座，水晶连廊与塔筒之间的接触面可以自由滑动。
- 水晶连廊的水平变形不会对塔楼产生影响。

隔震支座

铅芯

钢板
（连接水晶连廊）

橡胶

钢板
（连接塔楼）

承压钢板

隔震支座设置部位

水晶连廊

在 250 米的高空上，300 米长的水晶连廊是如何施工的呢？

　　水晶连廊钢结构的总重量为 12000 吨，这么大的结构不可能用吊车一次性吊上去。工程师想出了好办法：在工厂将水晶连廊的钢结构分段制造，分段运到现场，再一段段地吊上去安装就位，最后在空中拼接成为一个整体。

步骤一

分段预制，分段提升。

步骤二

分段钢结构在空中连接。

陆海国际中心

超高层建筑

陆海国际中心是重庆（在建）最高的地标建筑（458米），建造难度高、风险大。

核心筒中的电梯

结构形式：框架＋核心筒结构。

内部核心筒：由钢筋混凝土墙体构成，抵抗水平风荷载、地震力作用，相当于高层建筑的"定海神针"，同时作为电梯井。

外部框架：形成大空间，提供使用空间。

核心筒

框架

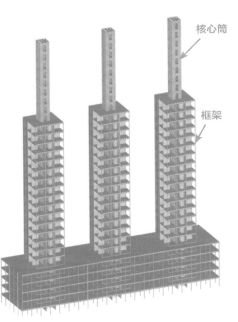

核心筒

框架

高层建筑的主要结构形式：框架－核心筒结构

未来建筑特征

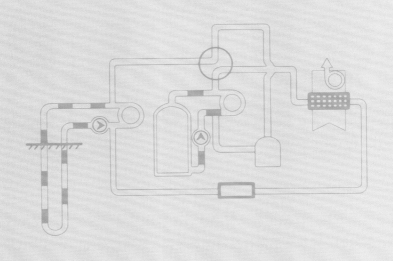

未来建筑的三大特征

为"不断满足人民对美好生活的向往"，我们对建筑的关注从基本的安全性逐渐增加到节能、环保、舒适等方面。

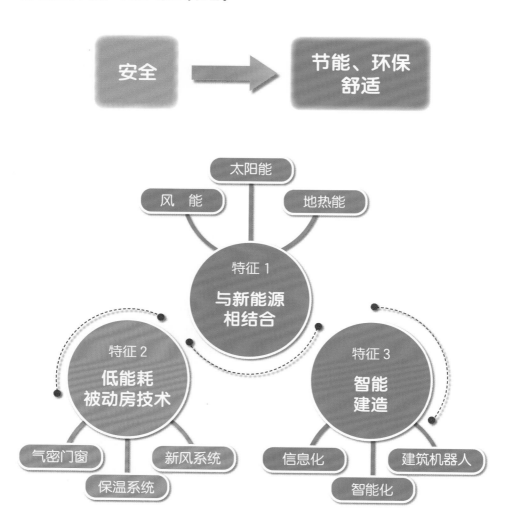

建筑业是我国国民经济的支柱产业，为我国经济社会发展和民生改善作出了重要贡献。但同时，建筑业仍然存在资源消耗大、污染排放高、建造方式粗放等问题。在"碳达峰、碳中和"目标下，建筑业面临的转型发展任务十分艰巨。

与新能源相结合

分 布 式 太 阳 能

太阳能是一种可再生能源，是清洁、绿色、低碳的能源。屋顶是房屋建筑中接受阳光最多的部位。在屋顶铺设太阳能光伏板，将太阳能转化为电能，可以就近发电供电，大大节省了电费。光伏系统在发电过程中，不消耗燃料，不排放任何温室气体，不会污染空气和水，没有噪音，具有显著的环保效益。

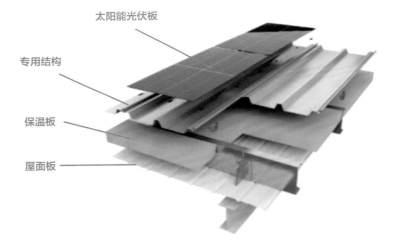

太阳能光伏板

专用结构

保温板

屋面板

太阳能屋顶

风 力 发 电

　　风力发电的原理是利用风力带动风车叶片旋转，再通过增速机将旋转的速度提升，来促使发电机发电。风力发电将风能转化为机械能，再将机械能转化为电能，整个过程中不需要消耗化石燃料，不产生空气污染。风电也是一种清洁能源。

　　按照叶片旋转主轴的方向（即旋转主轴与地面的相对位置）分类，风力发电机可分为水平轴风力发电机（旋转主轴与地面平行）和垂直轴风力发电机（旋转主轴与地面垂直）。

　　水平轴风力发电机的发电功率较高，适用于大型风电场；垂直轴风力发电机的发电功率较低，但在微风作用下即可启动发电，可以汇集微风的能量，适用于单体建筑。

水平轴风力发电机

垂直轴风力发电机（最小启动风速 1 米 / 秒，汇集微风能量）

地源热泵系统

地源热泵系统是一种以地下土壤作为热源或冷源的温度调节设备系统，可以在冬天将地下的热量通过循环系统输送至室内，在夏天将室内的热量通过循环系统输送至地下，达到冬季供暖或夏季制冷的目的。

24℃

60℃

25℃

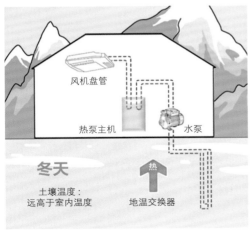

风机盘管

热泵主机　水泵

冬天

热

土壤温度：
远高于室内温度

地温交换器

风机盘管

热泵主机　水泵

夏天

冷

土壤温度：
远低于室内温度

地温交换器

特征 2

低能耗被动房技术

传统房屋主动通过煤、电、天然气等人为加热获取热能。

"被动式建筑"依靠被动收集的热量（如太阳、家电、燃气具等带来的热能），同时可采用地源热泵系统采暖（冬季）或制冷（夏季），不通过传统的采暖方式和主动的空调形式而使房屋保持舒适温度。

1 保温屋面

2 太阳能光伏板

3 保温墙体

4 三层中空玻璃保温门窗

5 地面保温隔热

6 地源热泵系统

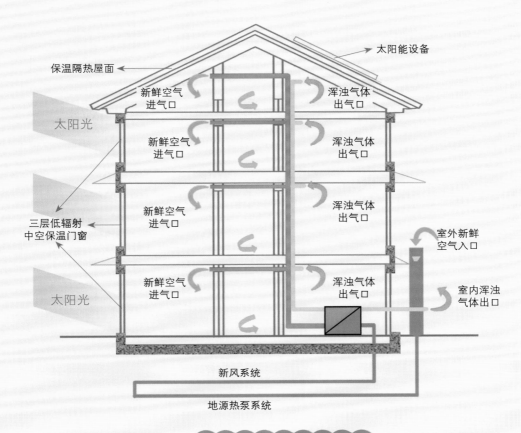

太阳能设备

保温隔热屋面

新鲜空气进气口 — 浑浊气体出气口

太阳光

新鲜空气进气口 — 浑浊气体出气口

新鲜空气进气口 — 浑浊气体出气口

三层低辐射中空保温门窗

室外新鲜空气入口

新鲜空气进气口 — 浑浊气体出气口

太阳光

室内浑浊气体出口

新风系统

地源热泵系统

地源热泵系统的功能

在夏季，把室内的热量存入地下土壤中，对房间进行降温。

在冬季，从地下土壤中提取热量，转移到室内，对房间进行供暖。

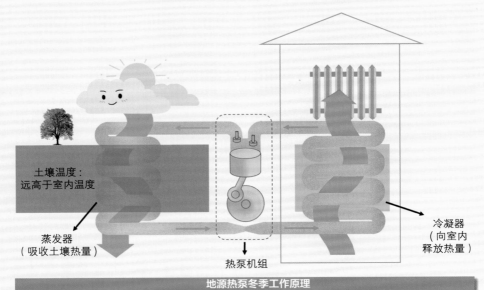

土壤温度：远高于室内温度

蒸发器（吸收土壤热量）

热泵机组

冷凝器（向室内释放热量）

地源热泵冬季工作原理

1 地面保温隔热：在整平地基上铺挤塑聚苯板（又名 XPS 板）保温，然后进行钢筋混凝土垫层施工

2 墙体保温：墙体增加岩棉或玻璃棉等保温材料

3 门窗保温：断桥铝中空玻璃保温门窗

4 屋面或阁楼保温＋新风系统（PM2.5 接近 0）

南通军山半岛被动楼

山东潍坊"未来之家"被动屋

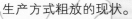

智 能 建 造

特征 3

建筑业存在的诸多问题：生产效率低、事故率高、劳动力短缺、成本居高。

智能建造：以信息模型、物联网、人工智能、云计算、大数据、机器人等技术为基础，通过应用智能化系统，融合设计、生产、物流和施工等关键环节，提高房屋建造过程的智能化水平，减少建造过程对人工的依赖，实现房屋安全、高效建造。

智能建造技术将从根本上改变建筑业劳动密集、生产方式粗放的现状。

"斜屋"由重庆大学与中国建筑西南设计院联合出品。

"斜屋"位于河北张家口，建筑面积为 142 平方米，屋顶太阳能光伏板面积为 98 平方米，45°倾角的屋面最大限度地提高了太阳能的利用效率，全年发电量可达 3 万度，是日常用电量的 2 至 4 倍，剩余电能除了储存下来，还可选择并入国家电网销售。

主、被动能源的合理利用是建筑的亮点之一，建筑采用被动优先、主动优化的设计思路。

被动设计包含高性能的围护结构、相变储能技术与多级缓冲空间，将房屋内的热量保存得更好，不会轻易向外扩散。

主动设计采用直流供电的空调系统，相较于普通的家用空调，更便于与新能源和储能系统相连接，降低使用中的能量损耗。

作为一栋面向未来的建筑，斜屋全面展示了未来居家及办公的智能化趋势。除了大家所熟知的空调、电视、洗衣机、窗帘、灯具、门锁之外，天窗、地暖等平台设备也一同并入全屋智能系统。居家模式下可设定回家、离家、起床、睡觉、娱乐、安心沐浴等模式，办公模式下可设定上班、下班模式，并均可通过手机端远程控制。

Peroration

结语

我国土木工程技术处于世界领先水平。

近年来,中国凭借一系列大规模基础设施建设和超级工程,如三峡大坝、高速铁路、港珠澳大桥、海上风电工程等,被冠以"基建狂魔"之称。

三峡大坝

高速铁路

港珠澳大桥

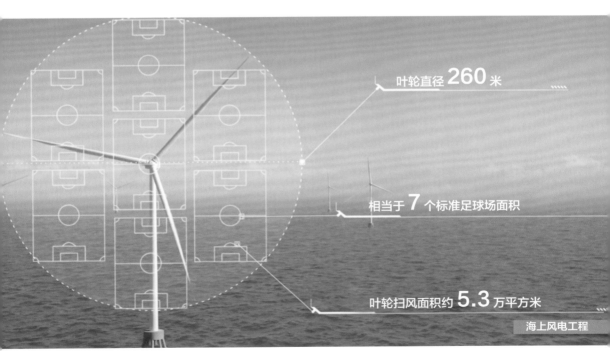

叶轮直径 **260** 米

相当于 **7** 个标准足球场面积

叶轮扫风面积约 **5.3** 万平方米

海上风电工程

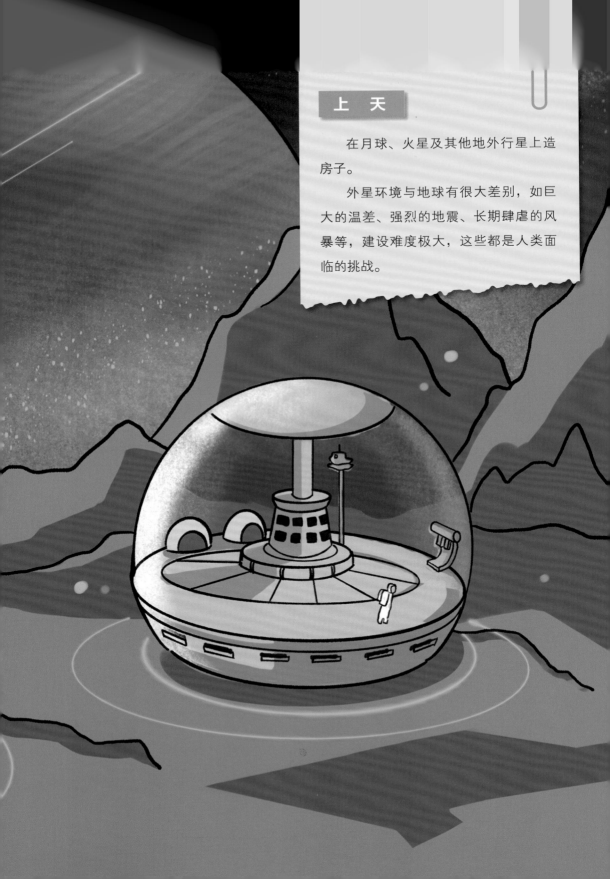

上天

在月球、火星及其他地外行星上造房子。

外星环境与地球有很大差别，如巨大的温差、强烈的地震、长期肆虐的风暴等，建设难度极大，这些都是人类面临的挑战。

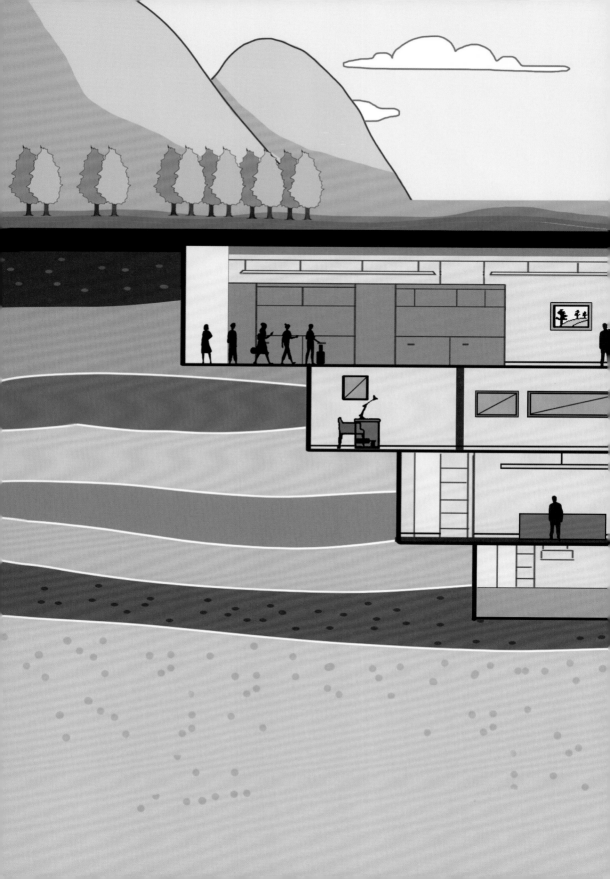

入 地

　　未来城市向地下发展，并开发地热能作为清洁能源。

　　中国在地下空间利用的深度和广度上，与发达国家还有较大差距。地下空间开发利用可以提高土地利用效率，强化城市的灾害抵抗能力（如防爆、抗震、防火、防毒等），有效缓解地面交通拥堵。

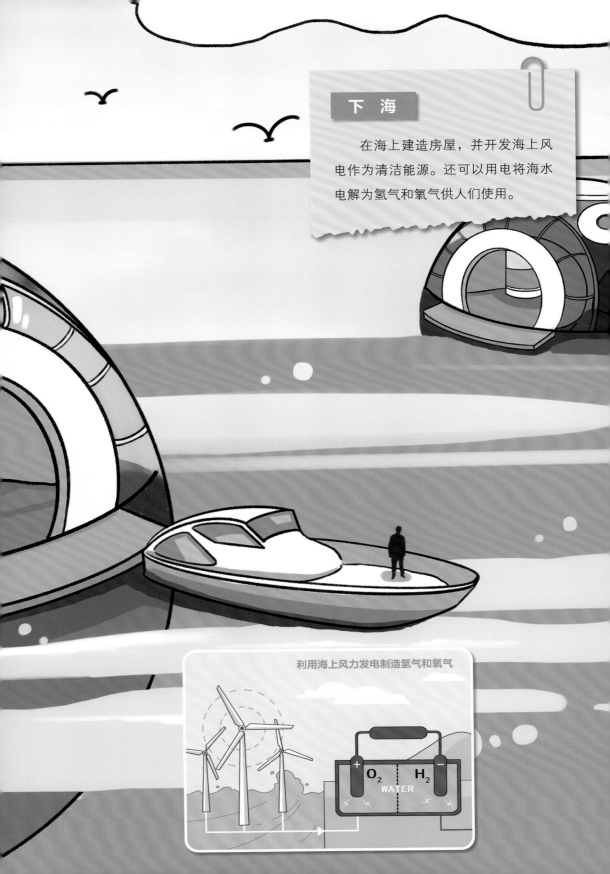

下 海

　　在海上建造房屋，并开发海上风电作为清洁能源。还可以用电将海水电解为氢气和氧气供人们使用。

利用海上风力发电制造氢气和氧气

O₂　H₂
WATER

　　重庆是全世界规模最大的山地城市。本书以重庆为例，介绍山地城市建筑，主要分为魔幻山城、山地建筑与地质灾害、山地建筑与地震灾害、山地建筑与风灾害、山城建筑案例、未来建筑特征六部分。本书用大量插图结合文字解说，并列举多个科普实验案例，向公众尤其是青少年讲解山地建筑基本知识、弘扬工程科学精神、传播工程科学思想，引导读者身临其境地感受山城建筑的魅力，激发青少年对土木工程及建筑专业的兴趣和积极投身祖国与家乡建设的意愿。

图书在版编目（ＣＩＰ）数据

　　探秘山地建筑 / 王宇航，关杨编著 . -- 重庆：重庆大学出版社，2023.10

　　（地质科普丛书）

　　ISBN 978-7-5689-4034-4

　　Ⅰ. ①探… Ⅱ. ①王… ② 关… Ⅲ. ①山地—建筑设计—重庆—青少年读物 Ⅳ. ① TU29-49

　　中国国家版本馆 CIP 数据核字（2023）第 115444 号

探秘山地建筑

TANMI SHANDI JIANZHU

王宇航　关　杨　编著

策划编辑：林青山

责任编辑：张　婷　　　版式设计：张　婷

责任校对：谢　芳　　　责任印制：赵　晟

*

重庆大学出版社出版发行

出版人：陈晓阳

社址：重庆市沙坪坝区大学城西路 21 号

邮编：401331

电话：（023）88617190　88617185（中小学）

传真：（023）88617186　88617166

网址：http://www.cqup.com.cn

邮箱：fxk@cqup.com.cn（营销中心）

全国新华书店经销

重庆长虹印务有限公司印刷

*

开本：787 mm × 1092 mm　1/16　印张：6　字数：109 千

2023 年 10 月第 1 版　　2023 年 10 月第 1 次印刷

ISBN 978-7-5689-4034-4　定价：39.00 元